DM (C'est la Matière Noire).
DM (This is Dark Matter).

A film de Nick Peterson / Old Nick

DM (C'est la Matière Noire)

DM (This is Dark Matter) was originally published in 2020 by The Edge Press (UK) and DiaryUnlimited (U.S.)

Published as a DiaryUnlimited.com paperback by The Edge Press

ISBN 978-1-7374850-3-2

Anotherclip.com

© 2021 Nick Peterson under license to DiaryUnlimited and The Edge Press. AnotherClip.com All rights reserved. Unauthorized copying, lending and reproduction are a violation of applicable laws.

All images © 2020 EdgeImageBank Pictures.

DM (C'est la Matière Noire)

Table of Contents

Chapitres 4

Personnages 5

Avant-Propos 6

Mise en garde 7

Pièce 1: Prologue. C'est la Matière Noire. 8

Pièce 2: La vie. 10

Pièce 3: La vie des arbres. 13

Pièce 4: Survie. 14

Pièce 5: Départ 17

Pièce 6: Transition 20

Pièce 7: Transmission 22

Pièce 8: La dimension négative 24

Pièce 9: L'esprit 26

Pièce 10: Épilogue. Nous nous rencontrerons à nouveau! 29

Postface : L'appel concernant « DM : Dark Matter » (La matière noire) 32

Le film en images 44

Chapitres

Pièces à conviction.

Pièce 1 Prologue: c'est la matière noire

Pièce 2 La Vie

Pièce 3 La vie des arbres

Pièce 4 Survie. Poulpe. Méduse

Pièce 5 Départ

Pièce 6 Transition

Pièce 7 Transmission

Pièce 8 La dimension négative

Pièce 9 L'esprit. Intelligence

Pièce 10 Épilogue. Nous nous rencontrerons à nouveau!

DM (C'est la Matière Noire)

Personnages

Trois chercheurs de lumière:

Un suprémaciste blanc de droite

Un blanc de gauche devenu suprémaciste de droite

Un terroriste islamiste

James, malade du cance

Dr Kelvin: Un conseiller en santé publique en chef dont le nom de code est: "Autant en emporte le vent".

Avant-Propos

Animé sur l'écran

"Ma foi réside dans l'inconnu, dans tout ce que la raison ne comprend pas ; je crois que ce qui dépasse notre entendement est un simple fait dans une autre dimension, et que dans le royaume de l'inconnu réside une force infinie pour le bien."

Charles Chaplin

```
DM (C'est la Matière Noire)
```

Mise en garde

Pour commencer à comprendre la matière noire, il faut appréhender, ou commencer à appréhender, l'inexplicable, l'innommable, ou encore ce que ressent ou pense une autre créature.

```
DM (C'est la Matière Noire)
```

Pièce 1: Prologue. C'est la Matière Noire.

Dr Kelvin, conseiller médical en chef dont le nom de code: "Autant en emporte le vent".

Une forme de matière représentant environ 85 % de l'univers et environ un quart de sa densité énergétique totale.

Il a d'abord été reconnu à travers les observations astrophysiques, y compris les effets gravitationnels qui ne peuvent être expliqués. Il a été appelé "sombre / noir" car il ne peut pas être détecté par les outils astrologiques standard.

On pense qu'il s'agit de la « dimension négative » par opposition à la « dimension positive » dans laquelle nous vivons tous et doit donc contenir une forme de vie qui défie la gravité.

Il a été supposé depuis l'aube de l'humanité que le « mental » et « l'esprit » y voyagent dès que le corps devient mortel, alimentant la possibilité qu'un univers complètement différent existe dans des paramètres complètement indéfinissables. Pause.

L'explosion à laquelle nous venons d'assister est à l'échelle d'Hiroshima. Jamais à Londres depuis les roquettes V2 d'Hitler, une destruction d'une telle ampleur n'avait détruit des parties de l'Angleterre.

Nous savons maintenant quelque chose de ce qui a déclenché l'explosion. Nous savons d'après les images de vidéosurveillance d'un parking souterrain voisin à Stratford qu'il s'agissait de trois terroristes.

Comme nous commençons seulement à rassembler les morceaux de cette histoire, il semble que deux d'entre eux étaient des suprémacistes blancs; un de droite et un de gauche radicale qui se sont tournées vers l'extrême droite et un fondamentaliste islamiste.

Il semble également qu'ils se soient peut-être rencontrés pour régler un compte au départ, mais l' islamique a eu le dessus et a réussi à faire exploser l'ensemble de "Stratford City".

Pièce 2: La vie.

James, malade du cancer.

Je ne sais pas ce que je peux vous dire sur ma situation. On m'a donné un très mince espoir de survivre à un cancer qui est "agressif". C'est vraiment de la matière noire.

Dr Kelvin, conseiller médical en chef dont le nom de code Autant en emporte le vent

L'univers est une histoire sur le temps et la vie ensemble où le temps n'existe plus, et la vie n'est qu'un mythe perpétué pour ne pas avoir peur du vide.

En regardant l'univers depuis la petite Angleterre, on peut clairement comprendre à quel point une existence humaine est vraiment futile.

L'univers semble et se sent vide lorsqu'un humain est seul dans l'espace, mais le mouvement constant, la rotation de la lumière et des roches et la transmission du bruit remodèlent entièrement son paysage en pointillés noirs en une forme d'onde ondulante et frémissante et est donc un pays dans l'espace et un planète géante remodelant l'univers.

DM (C'est la Matière Noire)

James, malade du cancer

La perception de la réalité a des points de vue différents: soit on ne voit rien, donc c'est complètement noir ou complètement blanc. Ensuite, nous essayons de meubler cet espace vide et d'ajouter des souvenirs et des créations de notre imagination. Il devient coloré alors que cet univers ainsi créé a des couches et des couches de paysages entrelacés avec tous les sons que notre esprit a enregistrés au cours de notre vie jusqu'à présent juxtaposés à l'arrière-plan formant un bruit géant2.

Ce bruit est omniprésent: il nous aide à rester sains d'esprit et avec les strates du paysage, ils construisent un monde et une histoire pour que nous n'ayons pas peur du vide.

Dr Kelvin, conseiller médical en chef dont le nom de code: "Autant en emporte le vent".

Avec le recul, davantage de personnes sont mortes de suicides, d'attaques de panique et de crises cardiaques au lieu du virus Covid19. Mais c'était l'époque!

C'était un excellent divertissement pour certains et la gauche de l'opposition ne s'en souciait pas: ils voulaient tous un verrouillage permanent de style soviétique avec tout le monde à revenue minimum. Mais bon, c'était l'époque! Pause.

Différentes personnes traversent différentes situations pour atteindre la matière noire, certaines par le cancer, mais une fois qu'elles ont accepté cela, c'est facile: nous allons tous mourir à un moment donné -comme on dit-. Les terroristes ont hâte de quitter ce monde très rapidement car la vie pour eux est un enfer et la matière noire est le paradis.

DM (C'est la Matière Noire)

Pièce 3: La vie des arbres.

r Kelvin, conseiller médical en chef dont le nom de code: "Autant emporte le vent".

es arbres sont la clé pour comprendre la vie sur Terre. Les arbres sont rmi les créatures les plus anciennes de cette planète avec un cerveau une intelligence capables de les protéger et d'apporter au règne imal l'oxygène dont ils ont besoin. Certains d'entre eux peuvent vre jusqu'à quelques centaines de milliers d'années. Ils peuvent adapter à toutes les circonstances et se déplacer sur la terre en jetant urs pousses au vent et les graines peuvent voyager loin et, ce faisant, s arbres peuvent se régénérer pour toujours autour de la planète.

es arbres peuvent parler à d'autres arbres et à d'autres membres du gne animal et aux centaines de milliers de champignons et animaux vivant sous terre. Ici, leurs racines s'entrelacent. En faisant rtie des créatures les plus anciennes de la Terre, ils sont les ancêtres les gardiens d'un monde qui pourrait bientôt disparaître. Les arbres it aussi une mémoire et ils se souviennent de tout.

Pièce 4: Survie.

Dr Kelvin, conseiller médical en chef dont le nom de code: "Autant en emporte le vent".

Les pieuvres et les méduses sont les créatures les plus mystérieuses de la Terre. Certains d'entre eux sont transparents et d'autres même invisibles à l'œil nu et comme la matière noire lorsqu'ils sont invisibles ils ne peuvent être suivis qu'à l'aide d'un radar spécial. Certaines créatures ont des centaines de milliers d'années et d'autres peuvent atteindre quelques millions d'années. Ils ont un cerveau et une mémoire, donc de l'intelligence. Les pieuvres peuvent vivre et survivre sous l'eau, mais elles peuvent se déplacer à la surface et sauter et voler plus haut dans les airs qu'elles peuvent simplement disparaître dans les airs. L'air raréfié ? Au dessus de la stratosphère? Dans l'espace? Ce n'est pas une hypothèse à écarter bien que certaines preuves tangibles manquent, mais théoriquement oui. Les pieuvres et les méduses peuvent être d'excellents communicateurs avec d'autres espèces et parlent donc couramment de nombreuses langues. Ils connaissent la race humaine et étant plus âgés que les humains, on pourrait affirmer que le niveau d'intelligence dont ils ont été dotés est peut-être plus élevé. Quiconque pouvant vivre si longtemps, survivre sous l'eau, à l'air libre (et voler dans les airs) et simplement disparaître; devenir invisible devrait être une source de préoccupation pour la race humaine, lorsque certaines de ces créatures disparaissent dans les airs elles se déplacent rapidement mais plus rapidement qu'une fusée dans

DM (C'est la Matière Noire)

espace. Les quelques humains qui ont observé ce phénomène, c'est-à-dire une pieuvre sautant hors de l'eau et volant haut dans les airs puis s'évanouissant et devenant invisible, se sont demandé s'ils pouvaient atteindre l'espace, alors c'est la seule solution viable pour que les humains voyagent dans l'espace mais nous n'avons pas été conçus comme une pieuvre et c'est un problème. Si ces créatures atteignent l'espace sans être détectées, où vont-elles? Sûrement, ils ne peuvent pas respirer dans l'espace? Pas en poulpe mais transformé en objet invisible? C'est une possibilité de survie. Mais où pourraient-elles aller? Elles (ou Ils) ne peuvent disparaître dans les airs et l'espace, donc le seul endroit où ils pourraient aller est peut-être la matière noire. Une direction farfelue et tirée par les cheveaux, mais où d'autre? Une autre planète? Beaucoup de gens ont soutenu que certaines variétés de poulpes et de méduses sont en effet extraterrestres principalement par leurs apparences. Et si le "si" n'était plus si farfelu que cela et qu'ils avaient un esprit? Peuvent-ils contrôler leur propre esprit ou quelqu'un ou quelque chose d'autre contrôle ces créatures?

Dr Kelvin, conseiller médical en chef dont le nom de code: "Autant en emporte le vent".

Je suis médecin scientifique en chef, je conseille le gouvernement et ce qui va arriver va arriver et est arrivé. Haha ! Pendant la pandémie de Covid19, lorsque nous avons reçu le nombre de personnes infectées par le virus, elles ont été testées à l'aide d'un kit de test simple qui montre également si le patient a d'autres virus comme la grippe ou la pneumonie. Pas très utile car la plupart des personnes présentant d'autres symptômes ont été étiquetées avec le Corona. Aucun test sanguin n'a été effectué, le seul moyen de le savoir avec certitude. Nous aurions dû avoir d'autres sources d'information comme les universités et les laboratoires. Bien sûr, nous aurions dû faire des tableaux de comparaison avec d'autres infections, mais nous n'avions pas le temps. L'Organisation mondiale de la santé voulait, pour certaines raisons, fermer le monde. Donc, nous avons dû nous conformer.

DM (C'est la Matière Noire)

Pièce 5: Départ

Dr Kelvin, conseiller médical en chef dont le nom de code: "Autant en emporte le vent".

y compris les effets gravitationnels qui ne peuvent être expliqués par les théories acceptées de la gravité à moins qu'il y ait plus de matière que ce qu'on puisse voir. Pour cette raison, la plupart des experts pensent que la matière noire est abondante dans l'univers et qu'elle a eu une forte influence sur sa structure et son évolution. La matière noire est appelée noire / sombre car elle ne semble pas interagir avec le champ électromagnétique, ce qui signifie qu'elle n'absorbe, ne réfléchit ou n'émet pas de rayonnement électromagnétique, et est donc difficile à détecter.

James, malade du cancer

En février de cette année, on m'a diagnostiqué un cancer de la prostate agressif et je me suis concentré sur le temps et l'espace. Quand mes parents sont morts - ils sont tous les deux morts d'un cancer, ils étaient très jeunes - j'ai senti que cela avait façonné mon visage en Dieu et cela a changé mon interprétation de Dieu et mon interprétation de Dieu est qu'il s'agit du temps et d'espace. Aujourd'hui, je crois au Dieu de toutes les religions et je n'ai aucune attente ni aucun désir de vivre au-delà de cette vie et de ce sentiment spirituel enraciné dans ma croyance et c'est un sentiment très ésotérique et ce qu'il m'a laissé, était d'aimer et d'embrasser ma la vie sur cette Terre. Lorsqu'on m'a annoncé mon diagnostic de cancer cette année, j'ai découvert que j'étais capable de l'aborder de la même manière, ce qui est très positif. On m'a diagnostiqué en février avec un cancer de la prostate agressif, cela m'a fait concentrer sur le présent et sur ma vie quotidienne.

Je n'ai pas affaibli mon sentiment de la vie ou craindre la fin de ma vie, j'ai la chance d'avoir un avertissement que je ne vais pas très bien et que je pourrais mourir, mais je pourrait récupérer, mais ce cela a fait, c'est que cela a changé ma perception du temps et de l'espace. Je ne me précipite plus partout et essaie de tromper le temps. Mon expérience d'avoir ce cancer agressif m'a en fait fait me concentrer sur l'ici et maintenant. Mon sens du temps et de l'espace est devenu comme mon expérience de Dieu dans ma vie, donc je ne m'inquiète pas du tout du temps qu'il me reste à vivre. Je suis préoccupé et j'embrasse le goût de la vie aujourd'hui et je vis cette vie, c'est donc ce qui compte pour moi aujourd'hui. Cela a également supprimé les restrictions de temps et d'espace dans lesquelles nous vivons tous. J'ai l'avantage d'avoir un avertissement et l'avantage de savoir que je vais devoir traverser une période très difficile mais pour moi ma réaction est d'être, de savourer l'instant; ne pas devenir déprimé ne pas chercher à obtenir une certaine certitude d'un résultat, mais plutôt remercier -être reconnaissant- d'être capable de me concentrer sur l'ici et, ce faisant, je trouve cela très enrichissant car cela m'enlève beaucoup des sentiments et des limitations temporelles que nous avons tous.

DM (C'est la Matière Noire)

r Kelvin, conseiller médical en chef dont le nom de code: "Autant emporte le vent".

histoire des fondamentalistes blancs va bien plus loin que l'intégriste amiste qui veut seulement que le monde entier se conforme à une rsion plus stricte de l'islam. En Grande-Bretagne, les membres de Armée républicaine irlandaise ou IRA étaient des fondamentalistes ns le but de réunir toute l'île irlandaise et de se débarrasser des presseurs anglais. À son tour, cela a alimenté les suprémacistes ancs anglais prêts à défendre ce qu'ils croyaient leur appartenir de oit. Des armées de jeunes dans les années 60 tout au long des années) ont trouvé une nouvelle identité pour défendre leur terre blanche vahie par les Africains et les immigrés indiens. Ils se sont rasés la te et sont devenus des "Skinheads" : c'était le moment de chanter à nisson "Zigger, Zagger, Oi,Oi, Oi". Islamistes, indiens et pakistanais que ces gens ne s'intégreraient jamais et ne pourraient de toute façon s, car leur race n'est pas assez pure et ils ne font qu'alimenter les ettos.

Pièce 6: Transition

Dr Kelvin, conseiller médical en chef dont le nom de code: "Autant en emporte le vent".

Nous marchons tous ensemble, flottant et volant à l'unisson sans conflit de pensées ou d'opinions, sans mesure par l'horloge humaine, de multiples couches toutes mélangées. Se promener dans les siècles passés et remonter les siècles. Pas de différences, pas de préférences, tous égaux et se confondant: c'est la transition, la transition vers les pays-bas et vers l'infini.

James, malade du cancer
Bien sûr, les choses du quotidien comptent: les courses, la cuisine, joindre les deux bouts, toutes ces choses comptent, mais si vous acceptez l'expérience, l'expérience existentielle de savoir que vous traversez une période de maladie très difficile. Si vous l'embrassez, vous pouvez en fait - cela peut sembler très étrange - vous permettre de devenir un être très riche dans votre vie parce que soudainement les limitations du temps et de l'espace disparaissent ironiquement. Cela semble très étrange, très contradictoire, cela soulève toutes sortes de questions sur notre compréhension du temps et de l'espace. il semble ironique que quelqu'un comme moi perçoive Dieu comme un être qui parle de ce monde mais n'étant pas ce monde devrait alors avoir l'expérience, comme la matière noire sachant que je mourrais tôt ou tard, après avoir eu le diagnostic de cancer et ce sur quoi je me suis concentré parce que Je n'ai pas peur et parce que j'ai réussi à avoir un grand don pour embrasser l'expérience que je vis, je crois que je suis capable de regarder au-delà du temps et de l'espace, je pense avoir pu et eu la plus grande chance de regarder au-delà du temps et de l'espac

DM (C'est la Matière Noire)

dans cette expérience que je traverse maintenant et me concentre sur le travail créatif que j'ai fait dans ma vie et j'ai le sentiment que rien ne peut être gaspillé, lorsque je mourrai. J'ai le sentiment que mon être n'est pas perdu et quand je quitte ce monde, plutôt qu'il a été envoyé sur son chemin. Donc la réponse à devenir existentielle comme ma réponse à la vie est existentielle: ce n'est pas la fin, c'est la transmission.

Dr Kelvin, conseiller médical en chef dont le nom de code Autant en emporte le vent

Suprémacistes blancs et de droite, blancs et de gauche ou islamistes, nous ne craignent aucune menace: ils feraient tout pour satisfaire leurs convictions. La violence extrême est la clé et mourir pour la cause est le sacrifice ultime qui vaut la peine d'être offert. Être mort n'est pas la fin: le sacrifice n'est pas vain. Ils ont sauvé la nation et se verront offrir une meilleure place dans la matière noire: une entité inconnue mais le paradis ultime, la vie sur Terre est un enfer. Les autres sont l'enfer.

Pièce 7: Transmission

Dr Kelvin, conseiller médical en chef dont le nom de code: "Autant en emporte le vent".

On nous a dit jusqu'à présent que la terre a été visitée par des volcans surpuissants laissant place à des tonnes d'eau, puis quelques îles, puis quelques plantes, puis des poissons, des animaux, des humains, puis ceci, puis cela et puis tout ceci et cela se sont rassemblés ensemble à la vitesse d'un escargot glissant lentement sur l'herbe. Tous programmés pour être programmés encore et encore, encore et encore. Dans la dimension positive, la vie doit se reproduire pour survivre et prospérer. Reproduction entre deux membres du sexe opposé ou membres individuels du règne végétal en rapport avec son environnement ou certains animaux comme les escargots glissant le long de l'herbe symbolisant la longue réalisation du temps et satisfaisant leur propre sexualité sans personne d'autre. Les animaux (humains compris) se reproduisent de manière extrêmement violente pour produire la naissance.. En DM, c'est la dimension négative. Chaque entité peut satisfaire sa propre sexualité et il n'y a pas de procréation. La matière noire est la somme de tout ce qui a vécu dans l'univers et peut revivre tout coincé dans des couches de masses invisibles. C'est le pays des esprits: la vraie ville fantôme avec des fantômes grouillant parmi d'autres fantômes.

DM (C'est la Matière Noire)

En 2016, un coup d'État politique a pris le dessus en Grande-Bretagne: le référendum sur le Brexit. Un vote pour la sortie du pays de l'Union européenne. Un référendum mal organisé sans aucune idée de la façon dont il pourrait être mis en œuvre alimenté par un patriotisme largement exacerbé et des ingérences étrangères de toutes sortes. Le résultat était étroit avec des millions d'Indiens britanniques ayant votés pour Brexit, dans le vain espoir d'être en quelque sorte réalignés avec leur pays d'origine. C'est la première fois dans l'histoire de la Grande-Bretagne que des Britanniques d'origine indienne s'associent à des extrémistes blancs de droite.

DM (C'est la Matière Noire)

Pièce 8: La dimension négative

Dr Kelvin, conseiller médical en chef dont le nom de code: "Autant en emporte le vent".

La dimension négative un espace tridimensionnel: un cadre géométrique dans lequel trois valeurs: des paramètres sont nécessaires pour déterminer la position d'un élément (c'est-à-dire un point). C'est le sens informel du terme dimension. Le monde se compose de deux dimensions: la positive et la négative. La dimension négative est comme un côté non traité de ce qui était autrefois une image photographique. Le Positif est le monde en couleur où nous sommes censés vivre. En réalité, nous ne le sommes pas. Nous vivons dans le négatif. On n'y meurt jamais. Des milliers d'années de créatures vivantes vivent toutes dans la dimension négative. C'est sans fin alors que dans la dimension positive, nous n'avons qu'une vie. Pause.

Le Brexit n'a pas été aidé par l'opposition de gauche s'enfonçant plus profondément dans l'idéologie communiste et faisant ainsi peur au centre. Même s'il n'y avait rien de mal à essayer de devenir plus indépendant de l'Europe et plus autonome, effacer 50 ans d'histoire en une seule journée n'est généralement pas une très bonne idée. Les conséquences ont été débattues quotidiennement à un coût financier élevé pendant de nombreuses années à venir et l'impact se fera encore

ntir dans vingt ans. En 2019, Boris Johnson a été élu promettant une
ute nouvelle ère au gouvernement.

Pièce 9: L'esprit

Dr Kelvin, conseiller médical en chef dont le nom de code: "Autant en emporte le vent".

Pour certains, la matière noire n'est pas si noire / sombre et elle est un monde précis et concis loin d'être invisible. Pour certains, ce serait comme allumer et éteindre un interrupteur pour découvrir que l'univers n'est pas si vide après tout, mais peut-être déjà surpeuplé. Cependant, ces personnes sont capables, comme nous tous, de faire abstraction et d'ignorer ce qui nous frappe au visage. L'ignorance est une force et c'est tellement rassurant de voir l'univers depuis la terre e de rêver de son vide et/ou de pouvoir flotter dans l'espace sans se rendre compte que des milliards d'éléments volent autour, même si nous ne saurons jamais ce qui se cache derrière.

James, malade du cancer

J'aimerais expliquer ce qui est arrivé à la création d'informations au cours de ma vie. Quand j'ai quitté l'université d'Oxford et que je suis allé à la BBC et que j'ai rapporté le besoin de l'information, je ne l'ai pas fabriqué; je ne me suis pas mis entre moi et le spectateur, j'ai rapporté des événements en parlant de ce qui a été réellement dit. C'était une communication directe et non filtrée. Alors que le monde

DM (C'est la Matière Noire)

de la communication est devenu de plus en plus puissant à la fin des années 1990, c'est à ce moment-là que je suis allé dans les relations publiques, aux relations publiques des marchés de capitaux, où nous conseillions les plus grandes, certaines des plus grandes entreprises de ce pays et partout dans le monde, la communication était devenue si puissante qu'il ne suffisait plus de simplement communiquer. Alors, prenons l'histoire comme si une entreprise en rachetait une autre. Le processus de création d'intelligence à partir d'informations pour générer de la valeur signifie que nous avons parlé à toutes les parties prenantes de l'entreprise, y compris le gouvernement du jour afin de réaliser quelque chose si vous voulez, une forme d'intelligence artificielle. Il ne s'agissait plus d'un simple reportage, il s'agissait de mettre en place une forme de communication provenant de toutes ces différentes sources, y compris des fonctionnaires et des politiciens, etc., pour créer quelque chose qui était une forme d'intelligence qui devait être mise sur le marché dans le forme de communiqués de presse, de présentations à la presse, etc. Je ne pense pas qu'il serait fantaisiste de dire que la collecte de renseignements et les messages que nous avons traversés étaient en fait un précurseur de l'intelligence artificielle, non pas parce que ce que nous avons dit était faux, parce que c'était exact, mais c'était tout nouveau, il y avait quelque chose de nouveau et ce nouveau" ajoutait énormément à la valeur des entreprises à hauteur de centaines de millions de livres, peut-être même de milliards. Cependant, si nous échouions, nous perdrions des centaines de millions de livres, peut-être même des milliards. C'était donc une toute nouvelle intelligence. Là pour générer de la valeur. C'était en quelque sorte l'Intelligence Artificielle et un précurseur de ce avec quoi nous vivons maintenant.

Dr Kelvin, conseiller médical en chef dont le nom de code: "Autant en emporte le vent".

Le nouveau Premier ministre a été élu, non par choix mais par manque: l'opposition était devenue toute communiste, extrêmement arrogante et désabusée. Dans le nouveau gouvernement, des pièces clés ont été attribuées aux personnes d'origine indienne pour les remercier de leur contribution au Brexit: au ministère de l'Intérieur, un jeune et beau « ex-mécanicien automobile » (dans sa façon de parler) en tant que nouveau chancelier un autre indien en tant que nouveau procureur général, et membre d'une secte illégale. Ce qui n'a pas aidé pour son image publique, c'est que tout le réalignement du parti conservateur en remportant le vote sur le Brexit et les élections générales a été orchestré par un espion russe présumé qui a passé la majeure partie des années 90 en Russie et est devenu le nouveau gourou et conseiller du parti conservateur depuis que le nouveau président de la Russie, un ancien officier du KGB est devenu le nouveau souverain à vie en Russie.

```
DM (C'est la Matière Noire)
```

Pièce 10: Épilogue. Nous nous rencontrerons à nouveau!

Dr Kelvin, conseiller médical en chef dont le nom de code: "Autant en emporte le vent".

L'infini n'est pas l'univers noir, l'infini est la matière noire et dans la matière noire se trouve l'infini, un univers au-delà de tout univers empli de dimensions; invisible mais réel où toute l'histoire des univers est cachée et ne meurt jamais. C'est l'éternité. Concrètement, la vie ne meurt jamais. Il transite dans un tout autre concept. On fait rarement des allers-retours vers cette matière noire au sein de la même vie humaine / terrienne ou créature, mais certains parviennent à revenir sous leur forme actuelle. Les étoiles et les planètes sont destinées à exister puis à disparaître. Seuls ses esprits principaux, la créature qui habite les corps célestes peuvent transiter dans ce DM – la Matière Noire. Les esprits, les esprits voyagent à nouveau vers de nouvelles galaxies et deviennent à leur tour de nouvelles créatures destinées à une nouvelle vie. Il n'y a pas de limite de temps, bien que le temps n'existe plus. Tout se passe en une nanoseconde, même si pour certains humains cela semble être un million d'années. Pas de frontières géographiques, pas de fuseaux horaires et une invisibilité totale : c'est DM : la Matière Noire.

```
DM (C'est la Matière Noire)
```

Dr Kelvin, conseiller médical en chef dont le nom de code: "Autant en emporte le vent".

Tout cela bien sûr pourrait n'être que des coïncidences, des théories du complot mais une chose est sûre sur les théories du complot c'est qu'elles sont toutes vraies: elles existent ! Mais le monde médiatique de gauche comme de droite est souvent trop arrogant ou paresseux pour enquêter plus et le monde se retrouve avec des mythes et des légendes qui se répandent comme des feux de forêt et alimentent la montée des extrémistes. Les blocages dus au prétendu Coronavirus -prétendu puisque le seul moyen de vérifier est par un test sanguin, n'ont contribué qu'à déclencher ce désespoir. Le résultat est ce qui s'est passé récemment à Stratford; une mésentente simple mais extrêmement violente entre extrémistes qui a déclenché une explosion aux proportions stratosphériques! Il a déplacé la Terre de 9,0 sur l'échelle de Richter, tué 60 000 personnes dans l'explosion qui en a résulté et a fait peur à toute une nation et au reste du monde pour les générations à venir. Dans la Dimension Négative, les paysages ne sont pas définissables: c'est un flou, c'est une vue négative: la vue de la matière noire. Cela semble être debout; immobile, silencieux et invisible: indétectable à l'œil humain et au système sensoriel ou à tout appareil conventionnel. Pourtant, nous savons qu'il existe tel qu'il a été ramassé. Dans la Dimension Négative, les paysages ne sont pas

DM (C'est la Matière Noire)

…finissables: c'est un flou, c'est une vue négative: la vue de la matière …oire. Il semble être debout; immobile, silencieux et invisible: …détectable à l'œil humain et au système sensoriel ou à tout appareil …nventionnel. Pourtant, nous savons qu'il existe tel qu'il a été …massé. C'était censé être seulement dans l'univers, mais cette …imension Négative: la "Matière Noire" existe sur Terre, tout autour …nous, à travers nous, exactement là où je me trouve en ce moment à …ondres. Je peux passer et traverser sans déranger mon univers ou "cet …nivers". Il s'agit d'une nouvelle dimension pas encore réglementée …ir lois britanniques et du monde.

…ui est là et qu'y a-t-il: d'autres esprits? Nous ne sommes qu'au …ommet de cet iceberg ici; qui dirige le spectacle là-bas? Telle est la …uestion!

DM (C'est la Matière Noire)

Postface : L'appel concernant « DM : Dark Matter » (La matière noire)

Un film précédent, dont la demande de classification avait été déposée auprès du gouvernement, s'est heurté à une série de problèmes, des problèmes qui existaient déjà depuis des décennies.

La présentation qui suit fait partie de l'appel, deux ans plus tard. Pendant tout ce temps, l'équipe espérait que le film serait classé, mais rien ne s'est concrétisé. Au fil des décennies, cela s'inscrit dans une tendance qui se dessine quant à la réception et au traitement de l'information. Or, il semble, preuves à l'appui, que ce traitement ait été erroné.

Un peu d'humilité serait de mise de part et d'autre, et il est généralement quasiment impossible de se plaindre ; les appels et les recours sont systématiquement ignorés et parviennent rarement devant les tribunaux. Il faut agir avec la plus grande prudence ; on peut se retrouver confronté à un contrôle fiscal massif, à des cotisations sociales impayées, à une visite de la police et à des preuves fabriquées de toutes pièces pour discréditer la victime. J'en tiens Joseph Staline pour responsable. Après tout, il a financé tous les socialistes, communistes et syndicats que nous connaissons aujourd'hui. Je ne parviens pas à comprendre comment, au XXIe siècle, on peut encore être associé aux mêmes instruments d'oppression. Autrement dit, personne en politique ne saurait faire mieux. Cependant, le fait qu'aucune distance n'ait été établie entre Staline (environ 50 millions de morts) et le XXIe siècle est véritablement inconcevable.

Est-ce l'arrogance du pouvoir ? La peur de perdre son emploi ? Un peu des deux.

DM (C'est la Matière Noire)

L'intelligence ne brillait pas par son éclat.

Présentation

En 2021, nous avons soumis un long métrage documentaire intitulé « DM : Matière Noire », fruit de plus de 20 ans de recherche et s'appuyant sur une vingtaine de publications.

La présentation du film est contemporaine, divertissante, mystérieuse et audacieuse. Toutes nos productions ont été qualifiées d'avant-gardistes et interactives, et correspondent parfaitement aux attentes du public du XXIe siècle. Un genre qui, malgré son existence depuis des décennies, n'est toujours pas reconnu officiellement par les instances cinématographiques britanniques dominantes.

Nous avons déposé une demande de Test Culturel Britannique, désormais géré par le British Film Institute (BFI). Par ailleurs, lors du chaos qui régnait sous le précédent gouvernement de Tony Blair, notre producteur, James Hogan, avait conseillé au gouvernement, au sujet du Test Culturel, de laisser l'ancien système en place, vulnérable au blanchiment d'argent et à la fraude. On peut se demander si le BFI est l'organisme le plus approprié pour traiter un Test Culturel, car l'avenir de tout test repose sur des évaluations neutres et juridiques. Le BFI, en se repositionnant comme groupe de restauration, n'était peut-être pas le choix le plus judicieux. C'était peut-être une façon pour le BFI de survivre, certes, mais pas dans l'industrie cinématographique, laissant ainsi cette dernière, et notamment le cinéma indépendant, sans structure.

DM (C'est la Matière Noire)

Genèse

« DM : Dark Matter » : l'accueil réservé à ce film par le service de classification a été marqué par une incohérence totale. On nous a demandé de fournir : un rapport du scénariste rédigé par notre avocat, rapport qui n'a pas convaincu – car nous étions incapables de le comprendre –, puis un rapport du producteur, là encore incompréhensible. On nous a ensuite conseillé de faire auditer l'équipe pour prouver qu'elle était britannique. Là encore, cela n'a pas suffi à satisfaire les « analystes », comme on les appelle désormais ; il s'agissait auparavant des responsables de la classification. Cela n'a pas plu aux « analystes », qui ont décidé de faire traîner les choses et ont exigé un audit complet du budget : seulement 85 000 £ pour une production de deux heures (et un travail de recherche s'étalant sur plus de 20 ans), alors même que le test avait obtenu la note maximale, suffisamment élevée pour éviter une telle demande. À ce stade, il est crucial de souligner que nombre des 26 membres de l'équipe travaillaient dans le secteur depuis plus de 40 ans, tous étaient très connus et avaient déjà obtenu 36 certifications.

Après le dernier audit, nous pensions enfin être certifiés. Ce ne fut pas le cas. Un autre film qui n'aurait peut-être pas dû avoir de prologue ni d'épilogue comportant des avertissements sur son contenu. Nous avons toujours dressé le portrait de la société contemporaine, et le langage utilisé est tiré des propos tenus par deux enfants de 10 à 12 ans, entendus par hasard par l'auteur, qui décrivaient leurs intentions envers une femme. Le jeu des acteurs a représenté un défi de taille, mais nous comprenons parfaitement que le résultat final ait pu susciter des réactions. Le but même du journalisme d'investigation et du cinéma documentaire est de dresser le portrait du monde contemporain, de tirer la sonnette d'alarme, une sonnette d'alarme restée lettre morte pour les gouvernements précédents. Si cela disparaît, alors la liberté d'expression s'évanouit.

À ce moment-là, notre équipe était déjà complètement épuisée par les exigences précédentes des analystes.

DM (C'est la Matière Noire)

Et le coût, sans aucun doute celui pour le service de certification, même si, de notre côté, le financement de la loterie est illimité pour couvrir les frais) et nous étions également confrontés à trois graves crises sanitaires – quatre membres de notre équipe étaient en traitement contre le cancer et sont décédés par la suite – et nous étions au bord du gouffre. Le responsable du service de certification a envoyé un courriel à l'équipe, chose inédite, demandant de les prévenir de la présence d'un tel contenu avant de soumettre le projet. Bien sûr, nous les avions prévenus auparavant, ce qui soulève de sérieuses questions : est-ce que quelqu'un lit réellement les présentations et sait vraiment analyser un projet multimédia

À ce moment-là, nous nous sommes effondrés, complètement épuisés, et nous avons entamé un échange houleux qui n'a mené à rien.

Les choses auraient pu se terminer ainsi, mais la suite relève d'un thriller sombre et angoissant ; sur IMDb, la « plus grande base de données du monde », ruinée par l'avidité proverbiale d'Amazon avec ses publicités intempestives et sa demande constante d'argent, tous nos films et profils ont été pillés, sans parler de la suppression pure et simple de « DM : Dark Matter ». Toutes les critiques précédentes, trois bandes-annonces et trente photos. Au départ, le message reçu était qu'« il n'y a aucune preuve que le film ait jamais existé ». Pourtant, il était présent sur la plateforme depuis quatre ans (en production) et nous avions déjà échangé avec IMDb concernant les sous-titres.

S'en est suivie une série de catastrophes : Kindle (Amazon) a retiré le film, suivi par Apple, Google Play, puis Netflix, et l'agence chargée de sa distribution en salles a fait faillite du jour au lendemain. Le coût et le temps investis dans la production du film et des sous-titres coûteux en huit langues ont été perdus.

Nous avons déposé une plainte auprès du service de classification. Cependant, le film n'existait plus et, pour le responsable de ce service, il n'y avait plus lieu de se plaindre. Il y a quelque chose de très britannique et

DM (C'est la Matière Noire)

d'unilatéral dans le fait que la personne qui a peut-être causé le problème soit aussi celle qui enquête sur le problème

Que s'est-il passé ? Nous avons déposé une plainte auprès du FBI (Réf. 893669e1-66ca-4653-b9e0-2de2561a694b) et la procédure est toujours en cours pour porter plainte pour violation de notre droit fondamental à l'existence, c'est-à-dire le déni du droit à l'existence de 26 personnes. IMDb a paniqué et nous a informés qu'une éditrice de données nommée « Anna » était responsable du retrait du film, mais refusait toujours de donner son nom de famille. Lorsque nous avons insisté auprès d'IMDb, IMDb nous a redirigés vers le BFI à Londres. Nos avocats nous ont maintenant avertis qu'il pourrait ne pas s'agir d'Anna M, responsable du service de certification. Le piratage informatique est fréquent et, à la même époque, une autre société de production diffusait une série télévisée intitulée « Dark Matter ». Dans les coulisses parfois troubles du monde du spectacle, tout est possible.

Le délit ayant eu lieu sur le territoire américain, les serveurs d'IMDb étant situés aux États-Unis, l'affaire relève de la compétence du FBI. Le projet « DM : Matière Noire » a été un désastre, car il l'est pour les deux parties. Il pourrait s'agir d'une malheureuse coïncidence, mais l'arrêt brutal du projet, pour un scénario sorti de son contexte et appartenant à un autre film, est plus que mystérieux. Toute cette histoire est tirée par les cheveux. S'agit-il d'une intention malveillante ou d'un cas de bipolarité ? L'affaire se complexifie. Le FBI est toujours en attente et devait la transférer à ses collègues anglais, mais ces derniers sont débordés par l'affaire Epstein.

Enfin, il est possible que cela ait froissé certains membres des services secrets. Le gouvernement de Boris Johnson avait annoncé un financement pour la recherche sur la matière noire, mais celui-ci a été annulé par la suite.

Encore une fois, sans un mot ni une explication, personne ne brille par son intelligence. Avant la mise en place du Test Culturel, un test conseillé par notre producteur James Hogan pour remplacer le système précédent, sujet (et qui l'a été) à des fraudes fiscales et à du blanchiment d'argent massifs (l'ampleur était colossale, sachant que cela a commencé en 1997 et que de

DM (C'est la Matière Noire)

...ombreuses personnes, y compris notre équipe, ont tiré la sonnette d'alarme, ...ais nous avons tous été ignorés !), le plan de James Hogan prévoyait une ...éthodologie et un filet de sécurité totalement différents pour les deux ...rties. Cependant, ce plan a été ignoré, probablement pour des raisons ...olitiques.

...obtention du tout premier certificat en 2001 a été laborieuse. Après près ...un an d'attente, de questions et de réponses, Nick Peterson a fait irruption ... DCMS et a exigé une réunion. Le lendemain, la réunion a eu lieu et, à leur ...rivée, Nick et Tom Norwood (le producteur) ont été accueillis par une ...ersonne que nous pensons être Chantel (qui travaille maintenant au service ...s certifications). Le lendemain de la réunion, nous avons obtenu notre ...emier certificat. La transcription intégrale de la réunion sera publiée dans ...dition livre de « Les Idiots », ainsi que le compte rendu de quatre mois ...échanges houleux, ponctués de querelles mesquines (M. Halliday était alors ...embre du Conseil consultatif) pour un autre film. Notre éditeur américain a ...ouvé toute cette affaire « absolument hystérique », mais à l'époque, et avec ... recul, toute notre équipe la juge suicidaire ; le temps perdu alors que des ...estions fondamentales et intellectuelles ont été négligées.

... manque de cohérence était flagrant. À l'époque, l'ensemble du processus ... des échanges étaient entièrement pris en charge par le contribuable. Le ...rmulaire de demande, jusqu'à récemment (et c'est toujours le cas dans la ...ouvelle version), ne comportait pas de questions essentielles concernant le ...m, afin d'éviter des échanges longs, fastidieux et extrêmement coûteux ...our les deux parties

... deuxième film que nous avons soumis avec le nouveau test culturel – et il ...t important de le mentionner car ce fut une expérience très instructive – ...écessitait une grande maîtrise de l'art du ping-pong. « The Y2K File » est un ...péra, un polar, un thriller et un mystère. Il n'est sorti que six ans après sa ...ertification, car le moment n'était pas opportun. Diffusé en douze chapitres ...ır différentes plateformes, il a cumulé plus de 14 millions de vues (avec des ...ous-titres en huit langues). L'histoire se déroule en 2000, au moment où nous

DM (C'est la Matière Noire)

avons créé un moteur de recherche qui a connu un succès phénoménal (d'après les statistiques), un succès qui nous laisse encore perplexes aujourd'hui. Avant la fin de l'an 2000, Google nous avait interdit d'exister, au prix d'échanges houleux et de menaces. Si notre moteur de recherche est au cœur du film, c'est à cause d'une histoire que nous pensions vraie, reçue à l'époque. Nous y croyions car nous savions déchiffrer un texte (ou une image) dans tous les sens : de haut en bas, de bas en haut et même à l'envers. Il s'agissait d'enfants victimes de maltraitance et de cannibalisme. Un sujet extrêmement difficile à aborder.

Avant même de proposer le projet à d'autres producteurs, qui l'ont refusé pour diverses raisons, nous avons, en 2000, informé les autorités. Elles n'ont rien fait et nous ont même menacés. Simple panique ou intention bien plus sinistre ? Nous sommes en 2026 et les dossiers Epstein ont été rendus publics. Nombreux sont ceux qui, en ligne, ont vu une histoire similaire se dérouler en Angleterre, et elle est en tous points identique à celle du documentaire « The Y2K File ». Bien que nous ayons le sentiment d'avoir été justifiés, cela ne console en rien les enfants victimes de trafic qui sont décédés, ni ceux dont la mort aurait pu être évitée. Pourquoi les fonctionnaires mettent-ils autant de temps à agir ? Pourquoi tant de panique et d'attitude ?

Cela soulève également des questions quant à la méthodologie employée, et nous réalisons que plus nous insistons, plus nous nousattirons des ennuis (car nous utilisons le même modus operandi depuis des décennies). Certains membres de notre équipe ont le devoir de la contester et de persévérer, car ils l'ont vécue et en connaissent les conséquences. Nous risquons de subir d'autres griefs, mais au moins, à présent, tous les documents ont été déposés légalement et « DM : Dark Matter » est dans le domaine public. Jusqu'à deux mois avant sa mort, James Hogan souhaitait faire interdire (comme le relate le film « Les Idiots ») un reportage de l'émission Panorama de la BBC intitulé « Maggie Militant Tendency » (1984), traitant de l'infiltration néonazie au sein du Parti conservateur. Le Parti conservateur a porté plainte contre la BBC, le programme a été interdit et sa destruction ordonnée (même si nous connaissons aujourd'hui les preuves de sa véracité). La décision de la Haute

DM (C'est la Matière Noire)

Cour a failli sonner le glas de la BBC telle que nous la connaissons. C'est par pur hasard que Nick Peterson, alors enfant, a enregistré le reportage (il ne connaissait pas encore James Hogan). James Hogan a toujours qualifié Nick Peterson de personnage « insidieux », un déclencheur involontaire d'événements (s'aventurant par inadvertance sur un terrain souvent très dangereux). Nick Peterson parle quant à lui d'une simple perception.

Le délai de prescription étant expiré, il est désormais possible d'expliquer les faits. James Hogan a agi ainsi peu avant sa mort, une mort qui aurait pu être évitée sans la grève générale du personnel du NHS. C'est également dans ce contexte, et nous y reviendrons plus loin, que les fonctionnaires peuvent se révéler extrêmement vulnérables. Leurs choix, motivés, nous en sommes convaincus, par de bonnes raisons, ont entraîné la mort de nombreux citoyens. Ce drame n'a pas été oublié, car parallèlement à la grève tristement célèbre, la privatisation du système de sécurité sociale a révélé la complicité des fonctionnaires. Cette privatisation leur a été imposée, certes, mais n'importe qui aurait pu en prédire les conséquences et tirer la sonnette d'alarme. Or, rien n'a été fait. Des milliers d'autres sont morts par suicide ou crise cardiaque, un sujet brièvement abordé dans notre documentaire « Rule Britannia ». Une importante action en justice est actuellement en cours devant la Cour suprême et le tribunal de La Haye contre les syndicats. Nous avons refusé de nombreuses demandes de documentaire sur ce sujet, pour diverses raisons.

Pour en revenir à « DM : Dark Matter », le service de certification a nié à 26 personnes le droit à l'existence, violant ainsi l'article 2 de la Convention européenne des droits de l'homme : « le droit à la vie », le droit d'exister. Ce droit a été reconnu par la Cour. Bien que le BFI, en tant qu'organisme quasi autonome, ne soit pas responsable, la responsabilité incombe au gouvernement. Nous entrons dans une période critique, car un nombre record de procès sont déjà en cours contre le gouvernement, et la situation est sur le point d'exploser. Le système judiciaire est débordé.

Une fois de plus, les questions fondamentales et l'humanité n'ont pas prévalu.

En 2010, nous cherchions à comprendre la méthodologie du journalisme d'investigation et la manière de traiter les problèmes.

En 2014, nous avons entrepris 40 heures d'enquête.

Des entretiens avec certains des principaux diffuseurs responsables de la télévision et des médias au XXIe siècle, y compris tous les présidents et directeurs généraux de la BBC encore en vie (à l'exception de John Birt, personne ne pouvant rivaliser avec lui), ont été menés afin de trouver des réponses. Des extraits de ces entretiens ont ensuite été utilisés pour le film « Les Idiots » (2026).

Qu'est-ce qui a poussé des fonctionnaires à harceler les citoyens/contribuables au point de les pousser à bout, souvent jusqu'au suicide ou à une crise cardiaque ? Nous savons qu'il s'agit souvent d'une manœuvre pour se mettre en valeur, prouver qu'ils ont tout fait pour prévenir et éradiquer la fraude, et se couvrir. Ils sont incapables de comprendre une situation, un scénario ou un film (ce qui est particulièrement embarrassant quand il s'agit du service de certification du British Film Institute qui ne comprend pas un film et qui a besoin d'être protégé). Il faut souligner que le traitement qui leur est réservé par les différents gouvernements est scandaleux. Nous comprenons tous que les fonctionnaire doivent être protégés ; ils sont les gardiens du pays. Mais qui protège le citoyen ? Personne, semble-t-il.

Nombre d'entre nous sommes journalistes d'investigation et réalisateurs de documentaires, et pour beaucoup, les sujets que nous traitions étaient systématiquement ignorés par les autorités. Où étaient les fonctionnaires lorsque Nick Peterson a conseillé à James Hogan, l'un des plus influents conseillers britanniques, de quitter son poste pour conseiller le directeur d'une agence de médias tristement célèbre, surnommée le « sauveur du secteur » (par le DCMS et le HMRC), après que ce dernier lui eut demandé d

DM (C'est la Matière Noire)

solliciter son ami Gordon Brown, alors Premier ministre, pour « enterrer le HMRC » ? La dernière réunion ayant dégénéré en violence, nous avons reçu de nombreuses menaces de mort pendant longtemps. Où étaient alors les fonctionnaires ? Les gardiens ? Les protecteurs ? Aux abonnés absents.

Lorsque Nick Peterson a contacté les services de protection de l'enfance et la police pendant plusieurs décennies, d'abord pour lui-même (alors qu'il était enfant), puis pour les autres ? Où étaient les fonctionnaires ? Ils l'ont ignoré

Lorsque David Cameron était Premier ministre, la base de données complète de tous les fonctionnaires a fuité sur Internet – une fuite des plus obscures – et elle était bien réelle, comme nous l'avons constaté au sein de nombreux employés du DCMS (actuellement à l'Unité de Certification) et parmi les inspecteurs des impôts. Dès notre découverte, nous avons informé plusieurs députés et les autorités, mais en vain. Une fois de plus, même les fonctionnaires ne sont pas protégés ; il est donc clair que la méthodologie est fondamentalement erronée.

L'un des principaux producteurs, James Hogan, producteur de tous les films de l'équipe depuis 1997, producteur à la BBC, conseiller de premier plan auprès du FTSE, conseiller de nombreux Premiers ministres et du MI5, a constamment conseillé l'équipe sur la manière de rassembler les preuves et de constituer un renseignement qui apporterait la réponse définitive, et c'est exactement ce que nous avons fait.

Pourquoi nous obstinons-nous ? Parce que nous sommes des imbéciles et que nous le resterons jusqu'au bout, même jusqu'à ce que justice soit rendue. Une certification est certes importante, mais pas pour les crédits d'impôt. C'est une somme dérisoire souvent perçue par les comptables, et elle peut s'avérer extrêmement coûteuse. Il est d'autant plus illogique, incorrect, voire odieux, de demander un audit du budget par le service de certification lors du dépôt du rapport dans la déclaration fiscale annuelle. Cette déclaration reste soumise à une inspection du HMRC, qui peut traîner en longueur jusqu'à un an, aux frais du contribuable, car l'entreprise est souvent de petite taille et subit des pressions pour prouver qu'elle lutte contre la fraude. Pendant ce temps, des centaines de milliards de dollars de fraudes sont commises, mais le problème est trop complexe pour être résolu et le HMRC n'en a pas les ressources. Le Serious Fraud Office nous a d'ailleurs déclaré : « Nous n'avons pas les outils pour lutter contre la criminalité du XXIe siècle. » Qu'en est-il alors de notre propre lutte pour le droit à l'existence ? Nous avons également déposé une demande car il s'agit d'une question de droit d'auteur, d'un certificat attestant du lieu de production du film et de sa reconnaissance. La loi (le droit britannique, principe de l'État de droit) interdit à quiconque de nier le droit d'exister, et pour beaucoup en Grande-Bretagne, cela reste importan

Il est intéressant de noter que parmi les pays du G7, le Royaume-Uni ne délivre que deux certificats : le Test culturel et un certificat d'exportation (mais ce dernier est aujourd'hui quasiment inexistant). Il n'existe pas de certificat de droit d'auteur à proprement parler, ni d'autre certification. La proposition d'étendre les certifications avait été examinée en 2002 par le gouvernement de l'époque, puis ignorée.

C'est pourquoi, et nous espérons que cet appel n'entraînera pas de futures tensions, la demande de certification est maintenue. Bien entendu, l'une des plus grandes sorties en salles serait de projeter le film devant la Cour suprême, et nous y aurons recours si nécessaire pour faire appel à un tiers arbitre.

« DM : Dark Matter » a engendré un véritable casse-tête comptable lors de son arrêt et un désastre financier lors de son interdiction de sortie. Certaines personnes ne le comprendront peut-être jamais car elles ne connaissent rien au cinéma et ignorent tout du monde des affaires, même le plus modeste ; le moteur de l'économie.

Puisqu'il s'agit du dernier film que nous réaliserons, nous irons jusqu'au bout. Pourriez-vous vous comporter comme des adultes, s'il vous plaît ?

Respectueusement, et avec mes remerciements,

DM (C'est la Matière Noire)

u nom de : « **DM : Dark Matter** ».

DM (C'est la Matière Noire)

Le film en images

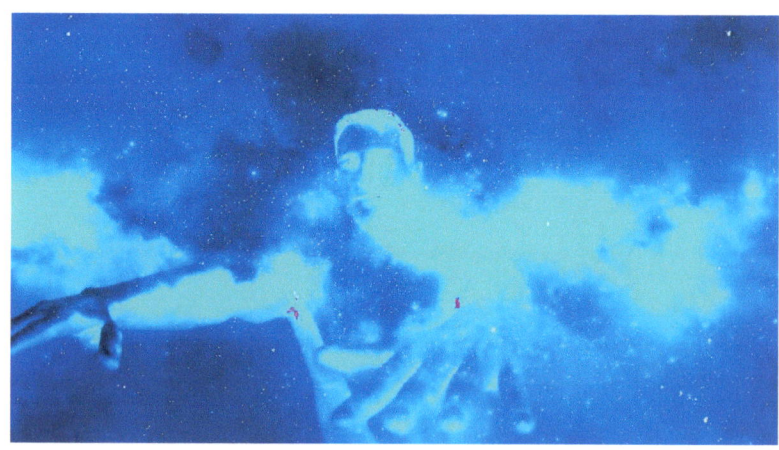

DM (C'est la Matière Noire)

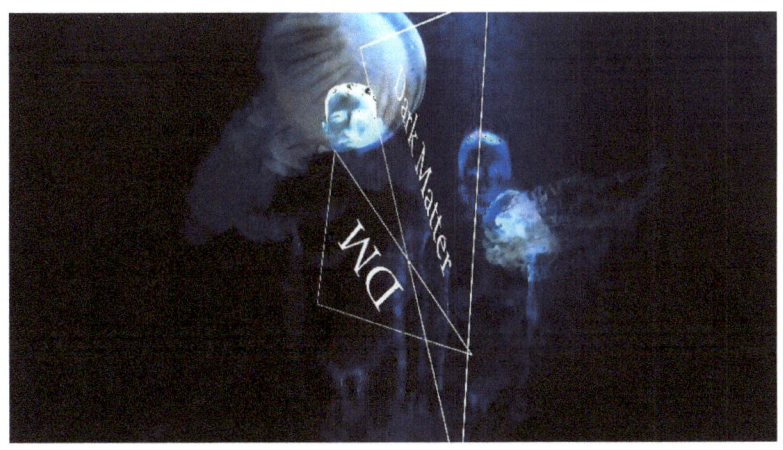

DM (C'est la Matière Noire)

DM (C'est la Matière Noire)

www.ingramcontent.com/pod-product-compliance
Lightning Source LLC
Chambersburg PA
CBHW040247220526
45473CB00001B/399